神奇动物在哪里

蚂蚁

[法] 萨比娜·博卡多尔◎著

杨晓梅◎译

吉林科学技术出版社

蚂蚁

蚂蚁是熊蜂、黄蜂和蜜蜂的近亲。在1亿年前，地球上就有了蚂蚁，它们顽强地撑过了白垩纪大灭绝，没有像恐龙那样消失。目前地球上生活着大约1.5万种蚂蚁，在世界各地均有分布。在一个蚂蚁群中，一共有三种蚁型：蚁后、雄蚁与工蚁。

身体结构

蚂蚁的身体由3个部分组成：头部、胸部和腹部。身体被一层类似甲壳的物质包裹，表皮含有一种坚硬且防水的成分，内部含有色素分子。不同种类的蚂蚁体长不同，小的仅1～2毫米，大的可达30毫米，重量在1～10毫克不等。蚂蚁的颜色多种多样：黑色、棕色、红色、绿色、黄色、银色……蚂蚁的腹内有消化器官与呼吸器官。腹柄是连接蚂蚁腹部与胸部的结构。

腹部

工蚁

蚁后的体形通常是工蚁的3倍。

工蚁

蚁群中数量最多的是工蚁。它们的个头比蚁后、雄蚁要小，通常不具备生育能力，因为它们的腹部缺少储精囊（用于储存精子的器官）。工蚁几乎无法产卵，即使在少数几种没有蚁后的蚂蚁群中也是如此。工蚁的寿命在2～24个月。

蚁后

蚁后是蚁群中唯一有能力产卵的雌性，这也是它唯一的职责。蚁后十分容易辨认，体形硕大，胸腔发达。在受精之前，蚁后是长有翅膀的。它的腹部同样巨大，因为里面有卵巢与储精囊。蚁后的寿命可以达到10～15年。

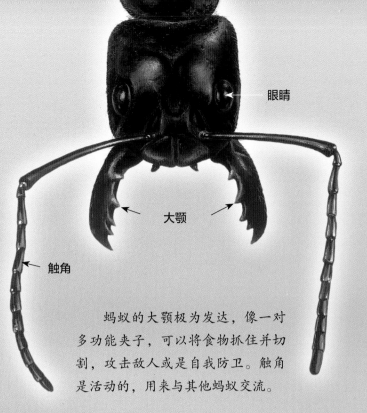

胸部

　　蚂蚁的胸部有三对足，足上有跗节，这种构造让蚂蚁可以轻松攀爬。蚁后与雄蚁还额外长有两对翅膀，但只能在发情期使用一次。工蚁则没有翅膀，它们的胸部也更窄小一些。

眼睛

大颚

触角

　　蚂蚁的大颚极为发达，像一对多功能夹子，可以将食物抓住并切割，攻击敌人或是自我防卫。触角是活动的，用来与其他蚂蚁交流。

复杂的头部

　　蚂蚁头部有大脑和大部分感知器官。每侧各有一只复眼，蚁后与雄蚁额部有三只单眼，对光线极其敏感。头部的两根触角形似眼镜腿，作用是分辨气味与判断碰触的物体。口部长有一对大颚。

腹柄　　胸部

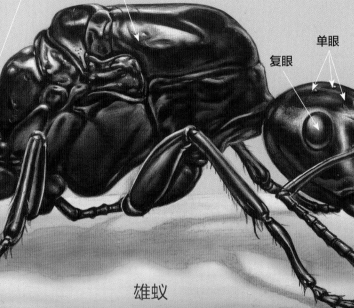

单眼

复眼　　头部

触角

复眼

雄蚁

　　雄蚁唯一的作用就是与蚁后交配，让蚁后可以产下受精卵。它们的大颚极其不发达，无法独立进食，所以工蚁有为雄蚁喂食的责任，雄蚁会在交配后死去，或是在蚂蚁幼虫出生几周后死去。

正在清理自己的蚂蚁。

极佳的视力

　　蚂蚁的两只复眼里有成百上千个六边形小眼。即使复眼是固定的，无法移动，也可以轻易发现运动中的物体。部分种类的蚂蚁视觉器官几乎完全退化，视力趋近于零。

雄蚁

新王国的建立

　　春夏两季中的某一个晴天，工蚁会将长有翅膀的繁殖蚁推到蚁巢出口，让它们在空中或地上完成交配。受精后的雌性成为蚁后，承担起产卵的任务，目的是建立起属于自己的"蚂蚁王国"，而雄蚁通常在交配完成后便会死去。

空中交配

①

雄蚁的死亡

　　在交配后，精疲力尽的雄蚁会在几小时或几周内死去。有些种类的雄蚁甚至会在交配完成后被蚁后杀死。

蚁后的生存

　　蚁后一生中只交配一次，完成后降落到地面，借助足部与大颚将翅膀拔下（如图①）。有些种类的蚁后必须独自完成新蚁群的建立。

婚飞

出生两周后，雄蚁与雌蚁会做好共同飞行的准备。天气理想时（温度适宜，微风），工蚁便开始活跃起来。

最佳时刻到来后，雄蚁会率先飞离蚁巢，20多分钟后雌蚁加入，不过不会飞到太远的地方。有些种类的蚂蚁在离地十几厘米处飞行，另一些则会飞到100多米的高空。同时雄蚁会紧紧抓住雌蚁的腹部，完成交配。有时，一只雌蚁一天会交配数次。

交配时，雄蚁将所有精子灌入雌蚁的储精囊（雌蚁腹部存放精子的器官）中。有些种类的蚂蚁没有婚飞的行为，而是在蚁巢中完成交配。

雌蚁会用头部挖出自己的巢穴（如图②）。确认安全后，便会立刻开始产卵，成为真正的蚁后（如图③）。因为此时的它没有帮手，必须独自扛起照顾与喂养幼虫的责任，这要耗费许多精力。因此，只有不到1%的蚁后能够建立起自己的"王国"。

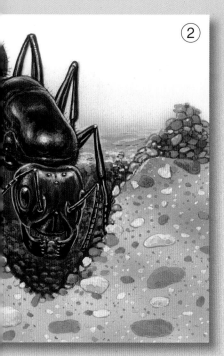

②

③

集体建设新社会

受精的雌蚁可以加入其他蚁群，仅需负责产卵，工蚁会承担起照顾幼虫的责任。有时，好几只蚁后会在同一个蚁巢中产卵。不过当第一批工蚁诞生后，蚁后之间会上演一出生死之战，直到留下唯一的幸存者。

繁衍

　　如果蚁后要独自建立自己的王国，那么在第一年中，它诞下的将全是雌性工蚁。这些工蚁会承担起抚养后代（卵、幼虫、蛹）与建筑蚁巢的职责。如果蚁后加入了其他蚁群，那么它会根据蚁群的需求诞下雄蚁或雌蚁。不同种类的蚁后一生可产下几百万至上千万颗卵。

雄性或雌性

　　蚁后可以决定产下的卵的性别。在产卵前，卵子会经过储精囊。如果蚁后想产下雌性，那么它就会打开储精囊，放出一颗精子来让卵子受精。如果想产下雄性，那么将储精囊封闭即可。

小小的卵

　　蚁后产下的卵为白色椭圆形（如图①）。工蚁会负责照顾，它们用口水将卵聚集起来，再运送到温度适宜的地方。蚁后在春夏季产卵。冬天来临后，蚁后与工蚁都会进入休眠状态。

　　从卵到蚂蚁成年通常要经历30～40天。时间的长短与天候、光照有关。在热带森林里，蚂蚁的生长速度要快得多。

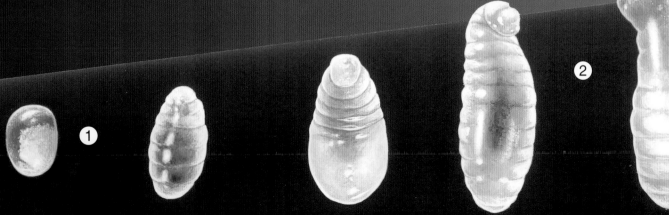

饥饿的幼虫

5～10天后，蚂蚁幼虫（如图②）会从卵中出生。幼虫的样子与成年蚂蚁无太多相似之处，只有一根消化管和极好的胃口。如果蚁后没有帮手，就要亲自喂养这些幼虫，它会将自身的脂肪储备与翅膀肌肉消化掉，再喂给幼虫。蚁后还会产下专门用来给幼虫吃的卵。如果有工蚁存在，那么就由它们承担起照顾后代的工作。

休息的蛹

与幼虫不同，蛹（如图③）无需进食，会沉睡6～15天。在此期间，它身体的各个部分逐渐变化。破蛹而出的将会是完全成熟的蚂蚁，并会立刻投入它的工作。

下图中的工蚁在帮助蛹里的同伴出来。

封闭的茧

15～20天后，幼虫会从口中吐出类似丝的物质，将自己包裹起来。在这个茧中，它会变成蛹。有些种类的蚂蚁化蛹时无需吐丝结茧。

幼虫进食的数量与质量决定了它未来会成为蚁后还是工蚁。要当蚁后的幼虫吃的比同伴要多得多。

③

幼虫逐渐变成蛹。

蛹变成成年蚂蚁。

蚁巢

同一个群落中的蚂蚁会聚集在一处生活，那便是蚁巢。不同种类的蚂蚁外表不同，生活习性不同，因此对栖息地的选择也不尽相同。大部分欧洲蚂蚁是地栖类，喜欢在土地、石块下筑巢，如黑毛蚁；有些则会在针叶林下筑巢，如红褐林蚁；另一些蚂蚁会在树上筑巢。在热带雨林中，有些蚂蚁会将蚁巢安置在树顶。

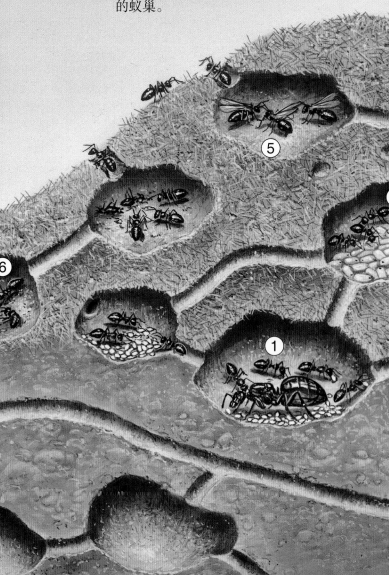

红褐林蚁的蚁巢外盖满了松针。

地下通道

在蚁巢里，工蚁会挖掘出许多条地下通道，通向不同的蚁室。每个蚁巢的结构是按照该群落的需求与筑巢地的条件而建的，因此绝不存在两个一模一样的蚁巢。

保育蚁室

有些蚁室如同保育箱，用来存放蚁后产下的卵；有些如同幼儿园，是蚂蚁幼虫生活的地方；还有一些是给蛹准备的。负责保育工作的蚂蚁会时刻检查这些蚁室，确保幼虫们处于完美的状态。

如果气温很冷，工蚁会将蚁巢入口堵上，避免冷空气进入。相反，若阳光灿烂，工蚁会打开通道，让温暖的阳光通过反射进入蚁巢中。

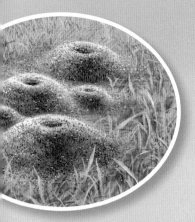

地上的小土堆是
蚁穴的入口。

树上泥土筑成的蚁巢，
常见于南美洲。

固定在水生植物叶子与茎
上的蚁巢。

墓地

工蚁还会开凿一间专门用
来存放垃圾的蚁室。没有运出
去的蚂蚁尸体会运到这里。

蚁后的房间

蚁后拥有自己专属的蚁
室，通常在蚁巢中心。它一生
中绝大部分时间都在产卵。

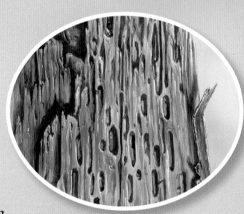

枯树上的木匠蚁蚁巢。

一个蚁巢有好几处入口。
夜晚来临时，入口会暂时封
闭，保证蚁巢内部的温暖。

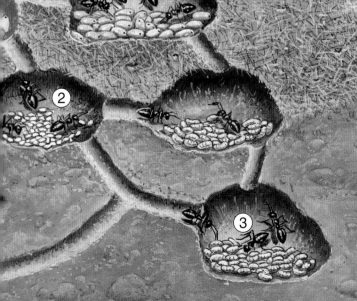

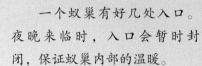

①蚁后的蚁室
②卵的蚁室
③幼虫的蚁室
④茧与蛹的蚁室
⑤有翅繁殖蚁的蚁室
⑥墓地

集体生活

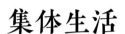

一只蚂蚁是无法独立生存的。在蚂蚁的世界中，只有团结才能维持种族的延续。其实，很多昆虫都过着社会性生活，组成或大（几百万只）或小（十几只）的群落。在蚂蚁的世界，工蚁是最基础、最重要的存在。它们终其一生勤奋工作，保证了群落的正常运转。工蚁在不同的生命阶段承担不同的工作任务。有些种类的蚂蚁也会根据个体大小分配工作。

辛勤的保育蚁

蚂蚁从蛹中出来的下一秒就要立刻投入到工作当中，它们的第一个任务是照顾后代。

蚁后与它的部下

工蚁要喂养、照顾蚁后。后者分泌信息素，工蚁舔舐后会传递给其他同伴。这是一种类似气味的化学信号，可以决定工蚁的行为。

早上，工蚁将卵搬到蚁巢上方更温暖的蚁室中。白天温度进一步升高，它们要把卵搬到下方凉爽的蚁室。同时还要喂养幼虫，幼虫需要一刻不停地进食。工蚁需先将食物吃掉、消化，再以"交哺"的方式嘴对嘴地喂给幼虫。

外勤蚁

当工蚁年纪更大一些后，便会转为外勤蚁，负责收集食物。

在不同种类的蚂蚁中，外勤蚁的职责也不同。有些是侦查蚁，负责定位，当它找到丰富的食物来源后，会回到蚁巢中通知其他同伴，让它们去收集食物。其中有些外勤蚁更擅长收集种子或其他含糖的物质；另外一些被称为杀手蚁，会猎杀其他昆虫。

正在搬运一滴蜜露的外勤蚁。

蚁后散发信息素，让工蚁围到它身边，就像真正的王后与大臣一般。

蚂蚁利用大颚搬运食物。

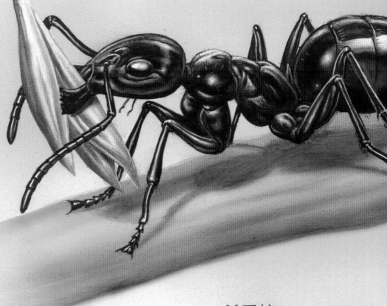

收集食物

许多蚂蚁特别喜欢收集花蜜、蜜露、浆果及其他水果。这些含糖食物热量高，对工蚁来说，是很好的能量来源。它们还会收集不同谷物的种子。

杀手蚁

肉食性蚂蚁会猎杀其他昆虫，有时猎物的体积比它们大好几倍。一旦发现目标，杀手蚁会一拥而上，用大颚咬住猎物，再用螫针刺入其体内。有些杀手蚁能分泌蚁酸，令猎物中毒。在杀手蚁的围攻下，猎物很快会死去，再被撕成小块带回蚁巢中。

11

建筑蚁

工蚁还要负责蚁巢的建设工作。它们通常会分工合作：一些去寻找建筑材料，运回蚁巢附近；另一些整理材料。当群落里的蚂蚁数量增多时，则开始扩建工作，挖掘新的蚁道与蚁室。另外，当蚁巢受到破坏时，工蚁也要对其进行修复。

红褐林蚁的蚁巢最高可达1.5米，它们会用松针或小树枝将蚁巢盖住，起到遮风挡雨的作用。

兵蚁

年纪最长或个头最大的工蚁要保护群落的安全，如同真正的士兵一样。它们在蚁巢外巡逻，避免外来者入侵，在必要时刻会率先发起进攻。

在面对其他蚂蚁群落时，它们也会表现出很强的攻击性。实际上，不同蚂蚁群落之间的斗争很常见，特别是在争夺食物时。

这只来自南美洲的兵蚁头部很大，一对大颚极其发达。

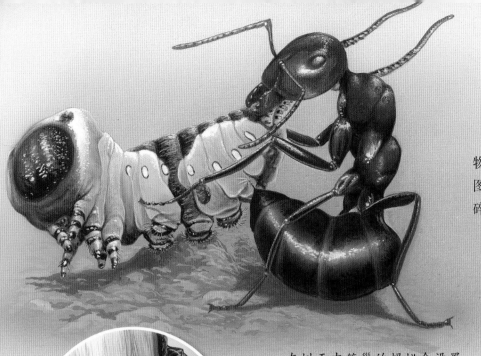

可怕的武器

兵蚁用前足抓住对手或猎物，再利用大颚将其切断。左图这条毛毛虫很快便会被撕成碎片，被兵蚁带回蚁巢中。

在树干中筑巢的蚂蚁会设置看门蚁。这些工蚁用自己的头部堵住入口。如果有蚂蚁想进来，要用触角轻碰看门蚁。看门蚁通过气味来决定是否放行。待蚂蚁进入后，看门蚁会再把头部放回原处，在岗位上坚守好几个小时。

有些种类的蚂蚁腹部长有可射出毒液的螯针，它们会利用这根针置对手于死地。

蚂蚁可以将蚁酸喷射到距自己30厘米处的对手身上。

蚁酸

某些蚂蚁（红褐林蚁、黑毛蚁等）会从腹部末端喷出一种酸，在对手身上留下致命性的灼伤。

食物

外勤蚁的绝大部分时间都在寻找食物。确实，当集体中有成千上万甚至上百万成员时，寻找食物绝对是重中之重。虽然雄蚁吃得不多，但蚁后与幼虫们需要充足的食物。同时，工蚁的进食量也很大，这样才能有足够的能量支持它们辛勤地工作。许多蚂蚁种类是肉食性的，能根据所生活的环境调整食谱。不过，有些蚂蚁吃的东西很特别。

肉食性蚂蚁

肉食性蚂蚁吃蟋蟀、瓢虫、毛虫、甲虫与其他富含蛋白质的昆虫，有时也会吃小型动物的尸体。工蚁成群结队将猎物搬回巢穴（它们可以搬起自己体重10~20倍的物体）。这些猎物将成为蚁后与幼虫的食物来源。

收获蚁

收获蚁遍布世界各地，喜欢收集谷物与种子，并带回巢穴，再用大颚压碎，用口水混合成更易于消化的膏状物。

在蚂蚁"保姆"的看护下，蚜虫吸食植物的汁液，排出蜜露。蚂蚁迫不及待地将这些蜜露收集起来。

饲养蚜虫

许多蚂蚁（如红褐林蚁）会饲养蚜虫。蚜虫能排泄出含糖的分泌物，蚜虫排泄物正是蚂蚁最爱的食物，也叫"蜜露"。为了收集蜜露，蚂蚁会用触角轻抚蚜虫的背部，如同人类饲养奶牛，给奶牛挤奶一般。蚂蚁会像照顾自己的孩子一般照顾这些蚜虫，杀死想要侵犯蚜虫的天敌。

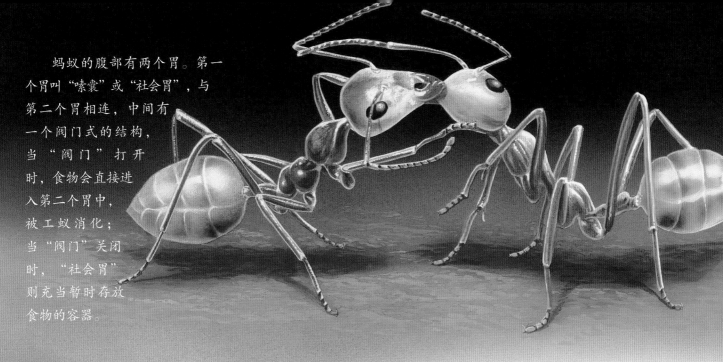

蚂蚁的腹部有两个胃。第一个胃叫"嗉囊"或"社会胃",与第二个胃相连,中间有一个阀门式的结构,当"阀门"打开时,食物会直接进入第二个胃中,被工蚁消化;当"阀门"关闭时,"社会胃"则充当暂时存放食物的容器。

食物的交换

在蚁巢中,外勤蚁以口对口的方式将"社会胃"中存放的食物哺入保育蚁的口中。

这种交哺机制需要用到触角。哺育者用自己的触角轻拍对方,对方才会张大嘴巴接收食物。保育蚁也是用交哺的方式喂养蚁后与幼虫的。

天生的种植高手

切叶蚁分布在亚马孙地区及中南美洲地区。它们拥有5000万年的种植经验,懂得建造真正的地下菜园,培育真菌(蘑菇)作为食物来源。首先,工蚁们会采集树叶,顶在脑袋上带回蚁巢。然后,将这些树叶切成小片并嚼碎。经过处理的碎叶糊将作为培养基供真菌繁殖生长。

切叶蚁的地下蚁巢规模巨大:直径可达十几米,深度可达3~4米。

15

交流

蚂蚁的生存与繁衍建立在互相帮助与任务分配的基础上。如果它们之间无法良好交流，那么就会陷入困境。在蚁巢中，为了了解并满足各自的需求，信息的传递是很重要的。除了通过震动与触摸来"交谈"，蚂蚁还拥有一个人类不具备的交流方式：化学交流。

化学交流

蚂蚁体内有许多腺体，特别是头部、腹部与足部，可以分泌化学物质，即信息素。类似气味，可以停留一段时间，只有同伴才能捕捉到其中传递的信息。蚂蚁有时通过大颚或腹部末端散发信息素，用触角来感知。对于蚂蚁来说，触角相当于人类的鼻子。

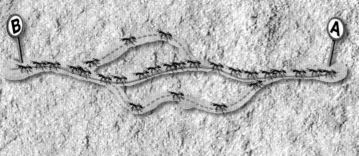

最短的路

当侦察蚁发现食物Ⓐ后，会在它与蚁巢Ⓑ之间的路上留下信息素。这些化学物质中含有食物数量与种类的信息。外勤蚁只要循着信息素前进即可。多亏了这种机制，外勤蚁才可以找出最短的路。实际上，路程越短，那么在这条路上来回的蚂蚁就越多，而它们每一次经过都会留下信息素。因此，信息素越强烈，就会吸引越多的同伴。

碰触交流

蚂蚁之间也会借由触角或前足互相碰触来传递信息。

这只红蚂蚁从腹部末端
分泌防卫信息素。

这只切叶蚁正处
在警告姿势：大颚打
开，分泌信息素，向
蚁群警示危险。

警告与防卫

当蚂蚁陷入危险时，会发出信息素来警告
同伴，号召它们一同抗敌。有些信息素可以杀
敌，如毒液一般。通常，这种有毒的信息素会
同时向蚁群传递警告的信号。

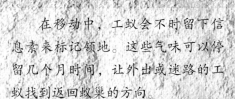

在移动中，工蚁会不时留下信
息素来标记领地。这些气味可以停
留几个月时间，让外出或迷路的工
蚁找到返回蚁巢的方向。

声音交流

蚂蚁可以制造声音。与其
说是声音，不如说是振动。有
些工蚁利用腹部敲击蚁巢壁，
警示同伴敌人的到来。这种振
动传递出去后，邻近的工蚁会
通过足部来接收信号，因为蚂
蚁没有耳朵。

蚂蚁中的天才

在成千上万种不同的蚂蚁种类中，有些种类的蚂蚁格外引人注意：有特殊的筑巢技巧的黄猄蚁，储存食物上有独门绝招的蜜蚁，会驱使别的蚁群为己所用的悍蚁，能如同军队一般发起进攻的行军蚁。

蜜蚁

蜜蚁生活在土壤贫瘠的地区，一年中只有部分时间有充足的食物。当蚁群缺乏食物时，部分工蚁（通常是最强壮的）会大量进食水与含糖的花蜜，腹部膨胀成葡萄大小，再成群地挂在蚁巢的顶部，待其他同伴有需求时分泌出蜜露供它们食用。

黄猄蚁可以组成总数50万只左右的超级蚁群。

黄猄蚁

黄猄蚁生活在中国南方、东南亚与澳大利亚。它们在树上筑巢，使用的方法极为特殊。工蚁将不同的叶子拉近，并为了保持叶子的距离，个头最大的工蚁会用大颚抓住一只幼虫，把幼虫的头放在叶子边缘，再用触角持续轻拍幼虫，刺激幼虫吐丝（其他种类的蚂蚁只为了结茧而吐丝）。随着工蚁的移动，丝会落到另一片叶子上。通过这种方式将几片叶子"缝"到一起，成为口袋式的牢固的"庇护所"，供蚁后与幼虫生活。

悍蚁

有些种类的工蚁不具备照顾后代与蚁后的能力。它们不会喂食，也不懂得如何收集食物。这些工蚁会闯入其他蚁巢，带走茧。待这些被"绑架"的蚂蚁破茧而出后，自然而然地承担起新蚁巢中的所有工作，类似"奴隶"一般替"绑匪"照顾它们的蚁后与幼虫。

聚集的行军蚁

行军蚁

行军蚁分布于南美洲与非洲，不筑巢，夜晚聚集在蚁后附近，形成惊人的蚂蚁球。20天里，这团蚂蚁球会停留在同一处，待蚁后产下成千上万颗卵。幼虫孵化出来后，行军蚁会行进16天。这样，工蚁每天都可以有新的猎场，确保让幼虫有充足的食物。一个行军蚁蚁群的成员数可达几百万。

为了让蚁群有充足的食物，每一天，行军蚁都会捕获路上遇到的一切可捕食的昆虫。每一次捕猎，工蚁都会带回3万只猎物，其中包括：蜘蛛、蝎子、蟑螂、蟋蟀与其他体形更大的昆虫。甚至有传闻说一个行军蚁蚁群一晚能吃掉十几只鸡和五六只兔子、一只羊！

入侵者

从19世纪末期开始，随着国际贸易的发展，人类无意间充当了蚂蚁的交通工具，让它们得以踏上陌生的大陆。在新的地区，没有天敌，有些蚂蚁迅速繁殖，泛滥成灾，对生态环境造成了严重的破坏。

阿根廷蚁

阿根廷蚁

在短短一个世纪里，这种来自阿根廷的蚂蚁就几乎征服了世界。1891年入侵美国，1908年入侵欧洲，1908年入侵南非，1939年入侵澳大利亚，1993年入侵日本。在新的地区定居后，它们会抢占当地其他蚂蚁的食物，用毒液攻击对手，喜食花芽……总之，阿根廷蚁对一个地区的生态环境会造成极大破坏。更可怕的是，不同蚁群的阿根廷蚁一旦相遇，会立刻组成一个"超级蚁群"，有时范围可覆盖几千千米。

蚂蚁分布

蚂蚁的数量巨大，那是因为它们适应环境与气候的能力非常强。除了部分极寒地区，如格陵兰岛、冰岛、南极大陆等，都有蚂蚁分布。在撒哈拉沙漠，蚂蚁可以在地面温度50℃下活动。在西伯利亚，蚂蚁可以在-25℃、地面温度-57℃的酷寒中生存。蚂蚁几乎不畏惧任何极端天候，即便是洪水来袭，它们也可以坚持好几个星期。

这种蚂蚁生活在沙漠中，长长的足让它的身体可以远离炙热的沙砾。

红火蚁

这种原产于拉丁美洲的蚂蚁在1930年随着货柜入侵美国。此后，红火蚁迅速出现在澳大利亚、菲律宾、中国南方等地。与当地蚂蚁相比，红火蚁十分凶猛。它们长着螫针，可以持续攻击对手，其中包括被视作猎物的昆虫，也包括毁坏蚁巢的人类。当一只红火蚁发起进攻时，它会发出讯号，通知其他红火蚁赶来共同御敌。它们的毒液能引起部分人的强烈过敏反应。红火蚁建造的巢穴对植物根系会产生破坏作用。在城市中，它们会受电场吸引，从而损坏空调或火警系统。为了阻止红火蚁进一步泛滥，人类使用了大量杀虫剂，但效果并不好。

入侵欧洲的黑蚂蚁

原产于亚洲的黑蚂蚁体形很小，在十几年前到达欧洲，它完美地适应了欧洲的气候。很多专家认为这种蚂蚁很快就会遍布整个欧洲大陆。与本土蚂蚁相比，黑蚂蚁的攻击性很强，会积极进攻其他昆虫，包括蜘蛛。现在，它们已经对欧洲生态环境构成了威胁。

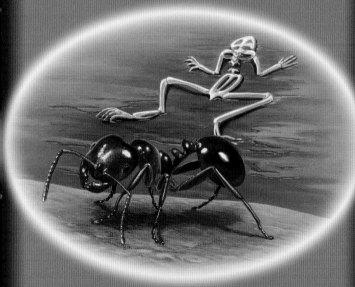

红火蚁是可怕的杀手，这只青蛙只剩下了残骸。

蚂蚁借助集装箱、轮船、飞机或游客的行李，几乎征服了每一片大陆。

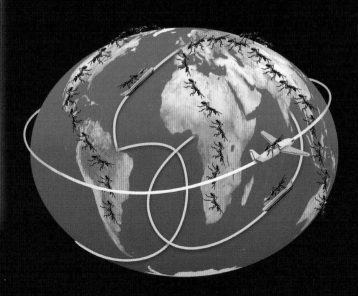

蚂蚁与人类

从古至今，人类都对蚂蚁社会严密的组织性赞叹不已。不过，这种无处不在的小虫子有时也会让人类烦恼甚至生气。蚂蚁巨大的数量让它们在地球的生态循环中扮演了相当重要的角色。虽然有些入侵物种破坏了生态环境，但大部分蚂蚁对环境保护起着积极作用。同时，蚂蚁也面临着各种威胁，其中就包括来自人类的伤害。

几乎无所不在

人类社会里到处都有蚂蚁的踪影：家、办公室、面包店、餐厅、医院……坐在草地或花园中小憩时很多人会有被蚂蚁咬过一口的经历，要是忘记把三明治或汽水收起来，过不了多久，蚂蚁大军就来啦！

蚂蚁的天敌

蚂蚁有好几种天敌，其中包括食蚁兽、啄木鸟、獾……它们可以破坏蚁巢，吃掉内部的工蚁与幼虫。蜘蛛与蜥蜴则会捕捉外出觅食的工蚁。有些甲虫会模仿蚂蚁的气味，混进蚁巢中捕捉蚂蚁幼虫。不过，在所有天敌中，威胁最大的还是人类。破坏森林、滥用杀虫剂等行为让蚂蚁的数量大大减少。

蚂蚁是人类的好朋友

虽然少数蚂蚁对农业有害，但大部分蚂蚁是大自然的保护者，例如红褐林蚁以专吃树叶的毛虫为生。一个蚁群的工蚁每一季能消灭几百万只毛虫！蚁巢附近的树林通常都绿意盎然，也是由于这个原因。许多欧洲国家都立法保护红褐林蚁，甚至有意地将它们引入一些森林，保护森林环境。

不知疲倦的翻土工

为了建造庞大的地下宫殿，蚂蚁要在地下挖出许多孔洞，因此地下的物质会被翻到地面，恰好为植物提供了所需的营养，如碳与氮元素。同时，蚂蚁将猎物（昆虫为主）的残骸埋入土中，提高了土壤中的有机物成分。实际上，90%的昆虫尸体都被工蚁带回了蚁巢中。蚂蚁是仅次于蚯蚓的"翻土工"，为植物王国的繁荣做出了不可磨灭的贡献。

木匠蚁喜欢在受潮发霉的木头中筑巢，这种蚂蚁可能对房屋造成严重的危害。

LES FOURMIS
ISBN：978-2-215-09731-0
Text: Sabine BOCCADOR
Illustrations: Marie-Christine LEMAYEUR, Bernard ALUNNI
Copyright © Fleurus Editions 2009
Simplified Chinese edition © Jilin Science & Technology Publishing House 2021
Simplified Chinese edition arranged through Jack and Bean company
All Rights Reserved

吉林省版权局著作合同登记号：
图字 07-2016-4669

图书在版编目（CIP）数据

蚂蚁 ／（法）萨比娜·博卡多尔著 ；杨晓梅译. --
长春：吉林科学技术出版社，2021.1
（神奇动物在哪里）
书名原文: ant
ISBN 978-7-5578-7817-7

Ⅰ. ①蚂… Ⅱ. ①萨… ②杨… Ⅲ. ①蚁科—儿童读
物 Ⅳ. ①Q969.554.2-49

中国版本图书馆CIP数据核字(2020)第206672号

神奇动物在哪里·蚂蚁
SHENQI DONGWU ZAI NALI·MAYI

著　　者　[法]萨比娜·博卡多尔
译　　者　杨晓梅
出 版 人　宛　霞
责任编辑　潘竞翔　赵渤婷
封面设计　长春美印图文设计有限公司
制　　版　长春美印图文设计有限公司
幅面尺寸　210 mm×280 mm
开　　本　16
印　　张　1.5
页　　数　24
字　　数　47千
印　　数　1-6 000册
版　　次　2021年1月第1版
印　　次　2021年1月第1次印刷

出　　版　吉林科学技术出版社
发　　行　吉林科学技术出版社
地　　址　长春市福祉大路5788号
邮　　编　130118
发行部电话/传真　0431-81629529　81629530　81629531
　　　　　　　　　　 81629532　81629533　81629534
储运部电话　0431-86059116
编辑部电话　0431-81629518
印　　刷　辽宁新华印务有限公司

书　　号　ISBN 978-7-5578-7817-7
定　　价　22.00元